세상에서 가장 아름다운 기다림, 280일

엄마에게

글 스즈키 오사무(鈴木 おさむ)
그림 후나야마 와카코(船山 和歌子)

옮김 권기대

베가북스
VegaBooks

오늘은 엄마 뱃속에서

엄마한테 조금 이른 러브레터를 썼어요.

조금 이르긴 하지만

나는 엄마를 사랑하고 있거든요.

왜냐하면 엄마는 나를 정말

많이많이 사랑해주고 있기 때문이죠.

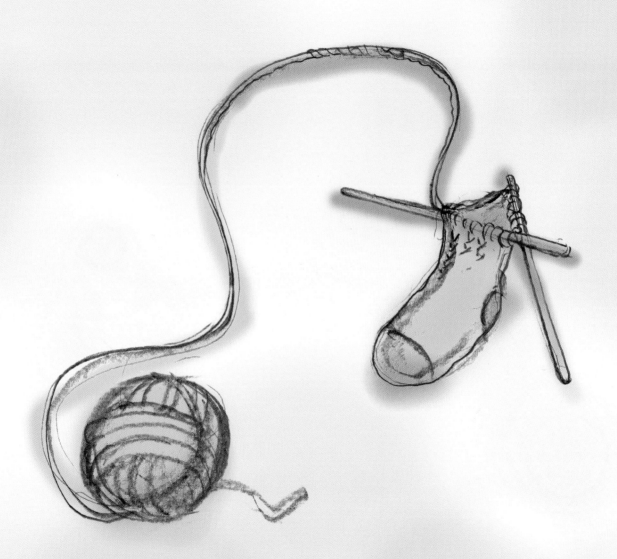

그래서 나도

엄마를 사랑해요.

그렇기 때문에 나는

엄마에게 온 거에요.

난 엄마랑 만날 날을
손꼽아 기다리고 있답니다.

만약, 만약에 말이죠...

우리가 만나기 전에 헤어진다면,

그건 내가

엄마를 행복하게 해줄 자신이 없기 때문이에요.

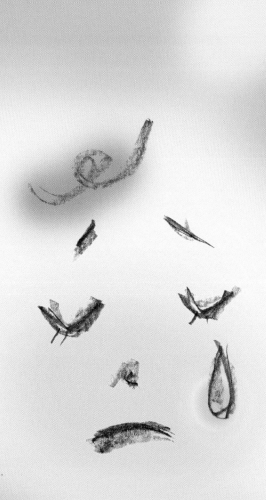

엄마를 행복하게 해줄 수 있을 때가 되면,

그때 다시

엄마 곁으로 돌아올 거예요.

만약 이대로

엄마를 만나게 된다면

난 온 힘을 다해 엄마를 사랑할 거예요.

어쩌면 엄마는

나를 만나

실망할 때가 있을지도 몰라요.

다른 친구들보다

못생겼다든지

여러 가지로 부족할지도 모르죠.

하지만

나는 나름대로 노력할 거예요.

엄마를 행복하게 해주기 위해서

열심히 노력할 거예요.

때때로 엄마는 외로워 보여요.

힘들어 하는 거 같기도 하고요.

그래서 엄마한테 가려고 해요.

엄마, 조금 이르기는 하지만

난 엄마를 좋아해요. 정말 사랑해요.

엄마, 조금 이르기는 하지만
난 엄마가 정말 좋아요.
정말, 정말 사랑해요.

자그마한 감사의 글

이 작품을

읽어주셔서 대단히 고맙습니다.

이 책을 읽고 무언가를 느끼셨다면

러브레터를 보내준 사람을 생각하면서

지금부터 이렇게 말해보지 않겠습니까?

자그마한 따뜻함을 주셔서 고맙습니다.

자그마한 울림(감동)을 주셔서 고맙습니다.

자그마한 희망을 주셔서 고맙습니다.

자그마한 감사의 말이

언젠가 커다란 감사의 말이 되어

당신에게 되돌아올지 모릅니다.

괜찮다면 이 러브레터에 답장을 써보지

않겠습니까?

러브레터에 답장을 쓴 다음

이 책의 마지막 장에다

살짝 끼워놓으면 어떨까요?

언젠가 답장을 읽어주기 바라면서 말입니다.

마지막으로

이 책을 쓸 수 있어서 정말 좋았습니다.

정말이지, 너무너무 감사합니다.

– 방송작가 스즈키 오사무 –

※ 이 도서의 국립중앙도서관 출판시도서목록(CIP)은 서지정보유통지원시스템 홈페이지(http://seoji.nl.go.kr)와 국가자료공동목록(http://www.nl.go.kr/kolisnet)에서 이용하실 수 있습니다. (CIP제어번호: CIP2015030092)

세상에서 가장 아름다운 기다림, 280일

엄마에게

초판 인쇄 2015년 11월 12일
초판 발행 2015년 11월 16일

지은이 스즈키 오사무
옮긴이 권기대

펴낸이 권기대
펴낸곳 도서출판 베가북스

총괄이사 배혜진
편 집 김찬현
디자인 김혜연
마케팅 배혜진, 이상화, 가영회

출판등록 제313-2004-000221호

주소 (150-103) 서울시 영등포구 양산로3길 9. 201호 (양평동 3가)
주문 및 문의 02)322-7241 **팩스** 02)322-7242

ISBN 979-11-86137-19-2

※ 책값은 뒤표지에 있습니다.
※ 좋은 책을 만드는 것은 바로 독자 여러분입니다. 베가북스는 독자 의견에
  항상 귀를 기울입니다. 베가북스의 문은 언제나 열려 있습니다.
  원고 투고 또는 문의 사항은 vega7241@naver.com으로 보내주시기 바랍니다.

홈페이지 www.vegabooks.co.kr
블로그 http://blog.naver.com/vegabooks.do
트위터 @VegaBooksCo **이메일** vegabooks@naver.com

아기와 함께한 순간을 담은 사진을 붙여주세요!
영원한 추억이 될거예요!

심장소리를 처음 들은 날!

안녕! 아가야~ 너를 드디어 만났구나.
엄마, 아빠는 쿵쾅대는 네 심장소리를 듣고
너무 반가워서 눈물이 났단다.
엄마는 너와 만날 날을 손꼽아 기다리고 있어.
앞으로 남은 시간 동안 엄마 뱃속에서
건강하게 자라주렴.
우리 아가 화이팅!

드디어
우리의 아기가 태어났습니다.
힘찬 숨을 쉬면서
두 주먹을 불끈 쥔 채,
큰 목소리로 첫 울음을 터트렸습니다.
우리의 아기의 첫 날이 시작되었습니다.
사랑해! 아가야!

우리 아가 태어난 순간